COLEÇÃO
PLANETA
TERRA

RECURSOS NATURAIS

Amy Bauman

Dados Internacionais de Catalogação na Publicação (CIP)
(Câmara Brasileira do Livro, SP, Brasil)

Bauman, Amy
  Recursos naturais / Amy Bauman ; [tradução Carolina Caires Coelho]. – Barueri, SP : Girassol; Reino Unido : Tick Tock Entertainment, 2008. – (Planeta Terra)

Título original: Natural resources.
ISBN 978-85-7488-784-5

1. Ciclo hidrológico - Literatura infantojuvenil
I. Título. II. Série.

08-08130   CDD-028.5

Índices para catálogo sistemático:
1. Ciclo hidrológico : Literatura infantojuvenil
028.5

Copyright © ticktock Entertainment Ltd 2008

Publicado pela primeira vez em 2008 por ticktock Media Ltd, Inglaterra

Editora do projeto: Ruth Owen
Pesquisa de imagens: Ruth Owen
Projeto gráfico: Elaine Wilkinson

Publicado no Brasil por
GIRASSOL BRASIL EDIÇÕES EIRELI
Al. Madeira, 162 – 17º andar
Sala 1702 – Alphaville
Barueri – SP – 06454-010
leitor@girassolbrasil.com.br
www.girassolbrasil.com.br

Diretora editorial: Karine Gonçalves Pansa
Coordenadora editorial: Carolina Cespedes
Assistente editorial: Talita Wakasugui
Tradução: Carolina Caires Coelho

Impresso no Brasil

Créditos das fotos (t=topo; r=rodapé; c=centro; e=esquerda; d=direita):
Corbis: 13td, 16-17 principal. Drakewell Museum, Pennsylvania Historical & Museum Commission: 10re. FLPA: 7cd, 19c, 23rd, 24te, 24ce, 28re. NaturePL: 24re. NASA: 7rd. Photodisc (Corbis): 9te, ttd. Shutterstock: OFC todas, 1, 3, 4e, 4tc, 4cc, 4rc, 4-5 principal, 5td, 5cd, 7tc, 7re, 8rd, 9cet, 9cdt, 9cdr, 10-11 principal, 12e, 13r, 15td, 16ce, 16r, 17d todas, 17r todas, 19td, 19cd, 19rd, 21cr, 21td, 21rd, 22t, 24-25 principal, 25td, 25rd, 26ce, 27c, 27re, 28-29 principal, 28te, 29te, 30-31 todas, OBC. Superstock: 6, 8t, 9cer, 10e, 14-15 principal, 15rd, 18-19 principal, 20, 21ct, 22r, 26. ticktock Media Ltd: 4cr, 9cd, 11ct, 11td, 11rd, 12ct, 23 mapa, 27cd, 29d. Wikipedia: 7td.

Todos os esforços foram feitos para identificar os detentores dos direitos e pedimos desculpas antecipadamente por qualquer possível omissão. Acrescentaremos o devido crédito nas futuras edições.

SUMÁRIO

CAPÍTULO 1	Recursos Naturais da Terra	4
CAPÍTULO 2	Recursos Não Renováveis	10
CAPÍTULO 3	Recursos Renováveis	18
CAPÍTULO 4	Preservação – O Que Você Pode Fazer?	26

GLOSSÁRIO 30

ÍNDICE 32

CAPÍTULO 1:
Recursos Naturais da Terra

Olhe ao seu redor. Tudo que você usa no dia a dia – sua escova de dentes, o que você come no almoço, as roupas que veste, a água que usa para tomar banho – tem origem nos recursos naturais da Terra. Os recursos naturais são os materiais e as fontes de energia existentes no nosso planeta.

PRESENTES QUE NÃO ACABAM

Como o próprio nome diz, esses recursos vêm da natureza. Entre eles, estão a água, as plantas e animais, o carvão, o petróleo, os minerais e a energia do vento e do Sol. As pessoas do mundo todo dependem dos recursos naturais da Terra para sobreviver.

FRUTAS
As frutas, como todos os recursos vegetais, retiram energia do Sol.

PEIXES
Estão entre os vários recursos encontrados nos mares da Terra.

ÁGUA
As pessoas, os animais e as plantas precisam de água para sobreviver.

ENERGIA EÓLICA
Como a água e o Sol, o vento é um recurso renovável e pode ser usado para produzir eletricidade.

O PLANETA AZUL

Toda a água da Terra está aqui desde a formação do planeta, bilhões de anos atrás! E, até onde sabemos, será a única água que teremos na Terra. Cerca de 97% da água da Terra é salgada, dos oceanos. Menos de 3% é água doce. Grande parte da água doce da Terra está congelada nas geleiras do Ártico, da Antártica, e nas montanhas de todo o mundo. Á água é considerada um recurso renovável. Ela se renova por meio do ciclo da água.

Cerca de 70% da superfície da Terra é constituída de água.

Também dependemos deles para obter tudo que ajuda a tornar nossa vida mais confortável, interessante e agradável. Mas é nossa responsabilidade cuidar desses recursos. Precisamos garantir que eles continuem existindo por muitas gerações.

Até mesmo uma pequena porção de terra contém muitos recursos naturais. Que recursos você pode ver nesta foto?

RIQUEZA DE RECURSOS

SOLO
O solo rico é um recurso que os agricultores se esforçam para proteger. Eles aprendem formas de combater a erosão, manter o solo saudável e ainda obter boa colheita.

DIAMANTES
Eles estão entre os minerais que chamamos de pedras preciosas. Como outros minerais, ocorrem naturalmente. As pessoas valorizam as pedras preciosas porque são belas e difíceis de encontrar.

QUASE TUDO QUE SE POSSA IMAGINAR
Tudo que essas pessoas estão usando tem origem em recursos naturais. O tecido e o metal dos assentos vêm do algodão e do minério de ferro. A pipoca vem das plantações de milho. Até o filme do projetor é feito a partir do petróleo.

DEFININDO OS RECURSOS NATURAIS

Os recursos naturais podem ser classificados de várias maneiras. Uma delas é separá-los em renováveis e não renováveis. Os recursos renováveis são aqueles que a natureza consegue repor, reciclar ou produzir novamente em pouco tempo. Os animais, as plantas, a água, a energia solar e a energia eólica são exemplos de recursos renováveis. Mas lembre-se: até mesmo os recursos renováveis podem se esgotar se forem desperdiçados.

Os peixes dos oceanos, rios e lagos são recursos renováveis. Entretanto, a pesca predatória está ameaçando a sobrevivência de algumas espécies de peixes, como o atum que aparece nesta foto.

A maioria das árvores são consideradas renováveis. Mas repor uma velha sequoia, de florestas primárias, pode demorar centenas de anos. Por isso, as árvores de florestas primárias são chamadas de não renováveis.

Outros recursos não são renováveis. Isso quer dizer que a natureza necessita de milhões de anos para produzi-los. São exemplos de recursos não renováveis o petróleo, o carvão, o gás natural, o ouro, a prata, a platina e outros minerais. Hoje, as pessoas estão consumindo esses recursos mais depressa do que a natureza consegue repor. Quando nossa reserva de recursos não renováveis se esgotar, eles deixarão de existir.

SOLO: QUE TIPO DE RECURSO ELE É?

Alguns recursos naturais não são fáceis de classificar como renováveis ou não renováveis. O solo é um exemplo. Embora muitas pessoas o considerem um recurso não renovável, ele pode ser renovado. Mas demora muitos e muitos anos. A natureza pode levar milhares de anos para produzir alguns centímetros de solo saudável e rico em minerais.

RECURSOS PERDIDOS

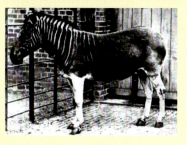

O QUAGGA: EXTINTO
Milhares de quaggas já pastaram nas planícies do sul da África, mas foram caçados até serem extintos, por volta de 1870. O último quagga em cativeiro morreu num zoológico de Amsterdã, na Holanda, em 1883.

AVES HAVAIANAS EM PERIGO
O mangusto foi levado ao Havaí em 1883 para controlar a população de ratos das ilhas. Porém, os mangustos começaram a comer ovos de aves, ameaçando assim os pássaros havaianos que fazem seus ninhos no chão.

MAR DE ARAL: AMEAÇADO
O Mar de Aral está localizado na fronteira entre o Cazaquistão e o Uzbequistão. Nos últimos 30 anos, esse mar perdeu 60% de seu volume de água. Desde os anos 60, suas águas têm sido usadas para irrigação. Essas imagens de satélite mostram o mar em agosto de 1989 (esquerda) e em agosto de 2003.

O minério de ferro é um recurso inorgânico. Nesta foto, ele foi aquecido para a produção de aço, num processo chamado fundição. A grande chapa de aço quente, na cor amarela, está sendo enrolada por uma máquina em uma usina siderúrgica.

RECURSOS ORGÂNICOS

Os recursos naturais podem também ser classificados como orgânicos ou inorgânicos. Os recursos orgânicos vêm de coisas que estão ou que já estiveram vivas, como plantas e animais. Pense em todas as maneiras como podemos usar os recursos orgânicos num dia. Você pode vestir roupas feitas de algodão ou de lã de carneiro. Seu lanche pode ser um sanduíche de queijo e uma maçã. Seus trabalhos escolares são escritos num papel, talvez sobre uma mesa – ambos originados da madeira.

RECURSOS INORGÂNICOS

Outros recursos naturais são inorgânicos. Os recursos inorgânicos não se originam de organismos vivos.

RECURSOS QUE ARRANHAM O CÉU

A Torre da Sears em Chicago, nos EUA, é o prédio mais alto da América do Norte. Ele tem 442 metros de altura e 110 andares. Foi construído com 68.946 toneladas de aço, que é produzido a partir de um recurso natural: o minério de ferro.

RECURSOS NATURAIS DA TERRA

Os minerais e as rochas são exemplos de materiais inorgânicos. Nosso dia a dia também está repleto de exemplos desses recursos. A latinha do refrigerante que você tomou hoje é feita de alumínio. Os brincos da sua mãe têm cristais. Os pedreiros da obra em sua rua estão usando aço nos prédios que estão construindo.

LÃ – UM RECURSO ORGÂNICO

A lã é apenas um dos produtos que as ovelhas nos fornecem. Também comemos sua carne (de carneiro ou cordeiro) e fazemos queijos (como o queijo feta) e iogurte com seu leite.

As ovelhas produzem lã. **O animal é tosado.**

A lã é transformada em fios. **Os fios de lã são usados para fazer roupas e outras coisas.**

Como um recurso orgânico renovável, algumas árvores são plantadas para serem cortadas, como muitas outras plantas. Florestas inteiras podem ser plantadas (acima, à esquerda) especialmente para o consumo da madeira. Enquanto isso, o cultivo cuidadoso de novas plantações de árvores (acima, à direita) garante que esses recursos se mantenham renováveis.

ORGÂNICO OU INORGÂNICO?

> Em termos simples, orgânico designa qualquer coisa que vem de uma planta ou animal. Inorgânico designa qualquer coisa que nunca teve vida.

Observe a lista a seguir e diga se o item relacionado se origina de um recurso orgânico ou inorgânico.

1 Copo
2 Mel
3 Floco de neve
4 Óleo de cozinha feito de milho ou de girassol
5 Bola de couro
6 Telefone celular
7 Molho de macarrão
8 Livro

Que outros itens você pode acrescentar à lista para testar os conhecimentos de outras pessoas?

RESPOSTAS: 1. Inorgânico 2. Orgânico 3. Inorgânico 4. Orgânico 5. Orgânico 6. Inorgânico 7. Orgânico 8. Orgânico

RECURSOS NATURAIS

O gás natural se forma junto com o petróleo. Os primeiros perfuradores de poços de petróleo achavam que o gás não tinha valor e o queimavam só para se livrar dele! Alguns países fazem isso até hoje.

CAPÍTULO 2:
Recursos Não Renováveis

Os recursos não renováveis são encontrados na Terra em quantidades limitadas. Isso significa que não podem ser repostos com facilidade. Pelo menos, não tão depressa quanto muitos deles estão sendo consumidos. E o consumo de alguns deles pelo homem vem aumentando cada vez mais há anos.

COMBUSTÍVEIS FÓSSEIS

Muitos recursos não renováveis são combustíveis fósseis. Entre eles, o petróleo, o gás natural e o carvão. São chamados de combustíveis fósseis porque se formaram a partir dos restos de animais, plantas e outros organismos em decomposição.

Esses materiais vêm se formando na crosta terrestre (a camada sólida mais externa da Terra) há milhões de anos. Uma parte dessa matéria caiu no fundo do mar e foi coberta por sedimentos. Outra parte ficou enterrada no solo. Nos dois casos, o material

Essas máquinas (à direita) perfuram poços de petróleo sem parar. Usamos o petróleo em nossos carros e no aquecimento de nossas casas. Ele se formou a partir de organismos que viviam na água milhões de anos atrás. Os depósitos de petróleo encontrados hoje podem já ter sido cobertos por oceanos ou mares.

EXTRAÇÃO DE PETRÓLEO

O primeiro poço de petróleo foi perfurado em Titusville, na Pensilvânia, EUA, em 1859. Ali, o ferroviário aposentado Edwin Drake descobriu petróleo em sua fazenda. No início, as pessoas estavam interessadas nele para uso em lampiões de querosene. Só depois é que passou a ser usado em carros e sistemas de aquecimento. Mas a descoberta de Drake deu início à indústria petrolífera moderna. Seu poço foi o primeiro a ser perfurado apenas com o propósito de encontrar petróleo.

RECURSOS NÃO RENOVÁVEIS

decomposto foi coberto por inúmeras camadas de outros materiais. Tudo isso se tornou parte da crosta terrestre e ali ficou durante milhões de anos, comprimido sob o calor e o peso da matéria que o cobria. Aos poucos, o material formou os combustíveis fósseis.

COMBUSTÍVEIS FÓSSEIS: CONSUMO MUNDIAL 1965-2005

Como mostra este gráfico, o consumo total de combustíveis fósseis (carvão, petróleo e gás natural) duplicou entre os anos de 1960 e 2005. Menos drástico, porém, foi o aumento do uso do petróleo como fonte de energia, principalmente em comparação com o carvão e o gás natural. Observe o consumo de dois recursos renováveis: energia hidrelétrica e energia nuclear.

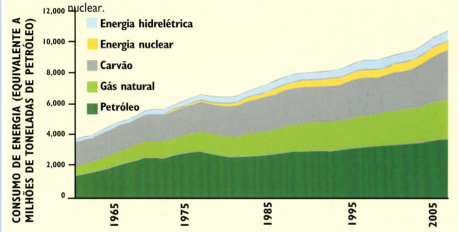

COMO O CARVÃO SE FORMOU

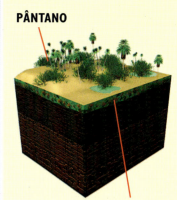

PÂNTANO

DETRITOS VEGETAIS

Há cerca de 300 milhões de anos, pântanos repletos de árvores cobriam boa parte da Terra. Quando as plantas e árvores morreram, elas afundaram e se depositaram no fundo desses pântanos. Lá, essa matéria começou a se decompor.

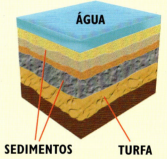

ÁGUA

SEDIMENTOS **TURFA**

A matéria em decomposição formou a turfa. Esse material esponjoso logo ficou enterrado sob outras camadas.

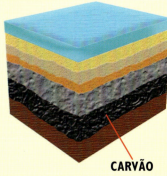

CARVÃO

Após milhões de anos de pressão e calor, a turfa se transformou em carvão.

RECURSOS NATURAIS

O USO DE COMBUSTÍVEIS FÓSSEIS

Aproximadamente 80% da energia consumida no mundo todo vem dos combustíveis fósseis. A maioria desses combustíveis, como o petróleo, o gás natural e o carvão, precisam ser modificados, ou convertidos, de maneira a produzir energia que possamos reutilizar. Hoje, por meio da tecnologia, somos capazes de converter os combustíveis fósseis em energia utilizável de forma cada vez mais eficiente.

O petróleo e o gás natural são muito usados como fontes de energia hoje em dia. E não é para menos! Eles movem nossos veículos. Aquecem nossas casas e locais de trabalho. Também são usados para fazer plástico, remédios, cosméticos, tecidos sintéticos e muitos outros produtos.

O petróleo é usado na produção de artigos que você talvez nem imaginasse, como a tinta usada para estampar o dinheiro, o asfalto das estradas, batons e até tênis.

RECURSOS NÃO RENOVÁVEIS

COMO OS COMBUSTÍVEIS FÓSSEIS SÃO USADOS

COMBUSTÍVEL	MAIORES PRODUTORES	UTILIZAÇÃO
Petróleo	Arábia Saudita, Rússia, EUA	• Gasolina, óleo diesel e outros combustíveis para carros, ônibus, trens e aviões • Óleo para calefação • Na produção de plásticos, tecidos sintéticos (como náilon, poliéster, kevlar), cosméticos, remédios, fertilizantes, inseticidas, etc.
Carvão	China, EUA, Índia	• Combustível para calefação, iluminação e na produção de eletricidade
Gás Natural	EUA, Rússia, Canadá	• Combustível para iluminação, calefação, uso em fogões, indústrias e na produção de eletricidade

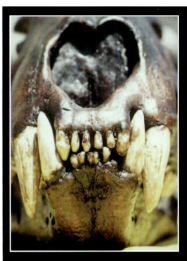

RANCHO LA BREA: TESOUROS DA MORTE

Poços de piche se formam quando o petróleo bruto da crosta terrestre sobe à superfície através de rachaduras na crosta. O Rancho La Brea, em Los Angeles, EUA, é famoso por sua coleção de fósseis de animais e plantas do Período Pleistoceno. Restos de insetos, répteis, anfíbios, aves, peixes e até mamíferos como o tigre-dentes-de-sabre (acima) já foram descobertos.

A POLÍTICA DO PETRÓLEO

Hoje, as formas de utilização do petróleo continuam aumentando. No entanto, suas quantidades continuam diminuindo.

Muitos países possuem grandes reservas de petróleo em seu subsolo. Outros precisam desse petróleo para uso próprio. Um terço dos maiores produtores mundiais de petróleo fica no Oriente Médio. Os países que mais consomem petróleo são os Estados Unidos, a China, o Japão e vários países industrializados da Europa e América do Norte. Esses fatores afetam o equilíbrio entre a oferta e a demanda do petróleo no mundo. Também afetam a economia e a política do Ocidente e do Oriente Médio.

Este navio de carga é movido a óleo diesel ou algum outro combustível derivado de petróleo. Grande parte de sua carga consiste de produtos derivados de petróleo. Os contêineres que guardam a carga são feitos de materiais derivados do petróleo. E esse navio, provavelmente, está carregado de petróleo que será usado como combustível para outros meios de transporte.

Em grandes centros urbanos, como Los Angeles (à direita), a queima de combustíveis fósseis provoca a poluição do ar. Os gases que saem do escapamento dos carros, caminhões e outros veículos são um grande causador desse problema.

PROBLEMAS DECORRENTES DO USO DE COMBUSTÍVEIS FÓSSEIS

O homem já descobriu muitas maneiras de utilizar o carvão, o gás natural e o petróleo. Mas o uso desses combustíveis fósseis também traz problemas. O maior deles é a poluição. A maioria dos combustíveis fósseis precisam ser queimados durante o uso, pois a queima libera sua energia. Só assim eles geram calor, produzem eletricidade ou fazem o que precisamos. Porém, à medida que eles queimam, também liberam na atmosfera as seguintes substâncias nocivas:

- **Monóxido de carbono:** Aumenta a poluição do ar, a fumaça urbana e o aquecimento global.

- **Dióxido de enxofre:** Tem origem no carvão e provoca a chuva ácida.

- **Partículas liberadas:** Esses pequenos fragmentos de matéria são liberados pela queima de combustível e não fazem bem para quem os respira.

PRINCIPAIS POLUENTES DO AR E SUAS FONTES

Estes dois gráficos mostram alguns dos principais poluentes atmosféricos da Terra (à esquerda) e as fontes desses poluentes (à direita). A porcentagem de poluentes na atmosfera como um todo pode ser apenas 1%. Mas, ainda assim, essa pequena quantidade pode ser muito prejudicial. O gráfico de poluentes mostra como a poluição em nossa atmosfera se divide entre os diferentes poluentes.

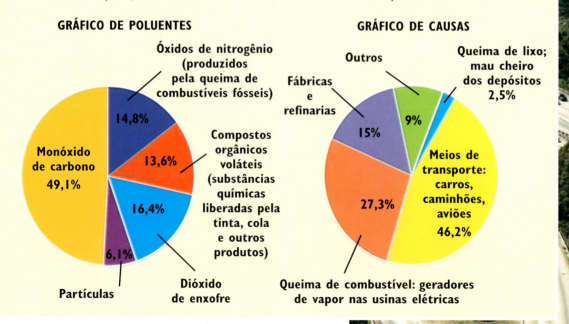

RECURSOS NÃO RENOVÁVEIS

Em minas subterrâneas, os mineradores correm risco de desmoronamento e de doenças pulmonares, por respirarem pó de carvão. Mas a mineração a céu aberto (acima) pode deixar marcas no solo, uma vez que a camada superficial é retirada.

UM NEGÓCIO ARRISCADO

Além da poluição, o acesso a esses combustíveis fósseis é difícil. Eles costumam estar enterrados no fundo da terra – onde se formaram. Têm que ser trazidos à superfície por mineração, perfuração, tubulações e outros meios. Esses métodos podem ser prejudiciais tanto para o planeta quanto para as pessoas que os executam.

VAZAMENTOS DE PETRÓLEO

Toda vez que o petróleo bruto tem que ser transportado pelo oceano, há o risco de vazamentos. Eles podem matar animais e destruir ecossistemas inteiros. Também podem prejudicar comunidades e indústrias ao longo dos litorais. Em 1979, os petroleiros *Atlantic Empress* e *Aegean Captain* colidiram. Os dois navios derramaram 276 mil toneladas de petróleo no Mar do Caribe. Foi o pior vazamento de petróleo já registrado.

ROCHAS E MINERAIS

Os minerais e as rochas também são recursos não renováveis. Eles formam a crosta da Terra e outras partes sólidas de nosso planeta.

UM RECURSO ENORME E VARIADO

Os cientistas já identificaram 3.800 minerais diferentes. Alguns, como os minérios, contêm metais que podem ser extraídos e usados na construção civil e na indústria. São úteis principalmente em aparelhos elétricos, pois o metal é um bom condutor de calor e eletricidade. Outros minerais raros, como rubis e esmeraldas, costumam ser usados na confecção de joias. Metais preciosos como o ouro, a prata e a platina também podem ser usados em joias.

NÃO APENAS PARA FAZER JOIAS

Muitos diamantes vêm da África. Mas a Rússia, o Canadá, a Austrália e o Brasil também são grandes produtores de diamante. A extração de diamante pode ser um trabalho brutal e perigoso. Depois de extraído, o diamante pode ser usado de várias maneiras. Por ser um mineral precioso e raro, é cortado e polido para ser transformado em joias caras. Por ser o mineral mais duro de que se tem conhecimento, o diamante é usado na indústria para triturar, polir e cortar peças de maquinários e outras substâncias duras – incluindo outros diamantes!

Assim como este pedaço de quartzo, um mineral específico tem sempre a mesma composição – e, portanto, a mesma aparência.

RECURSOS NÃO RENOVÁVEIS

Como qualquer outro mineral, o sal-gema precisa ser extraído da terra. Aqui, os trabalhadores extraem halita (o nome científico do sal) na cidade de Colchani, na Bolívia. Os salares são grandes planícies totalmente formadas por sal, que depois será utilizado para temperar nossos alimentos.

UM RECURSO ESTÁVEL E CONFIÁVEL

O termo mineral costuma ser usado para qualquer coisa sem vida retirada do solo, mas na verdade se refere a substâncias específicas. Um mineral verdadeiro tem uma composição química definida, que será sempre a mesma, não importa onde seja encontrado. O mesmo não pode ser dito sobre as rochas – amostras do mesmo tipo de rocha podem ter composições bem diferentes.

AS PROPRIEDADES DOS MINERAIS: UM BREVE GLOSSÁRIO

Entre as propriedades comuns dos minerais, estão:

Cor: a cor real de um mineral.

Dureza: é medida segundo uma escala de resistência criada pelo geólogo alemão Friedrich Mohs.

Clivagem: o modo como um mineral se quebra ao longo de suas superfícies em linhas paralelas e cria uma superfície lisa. A mica é conhecida por essa característica.

Fratura: o modo como um mineral se separa quando não se quebra ao longo de suas superfícies.

Gravidade específica: o peso de um mineral em comparação com o mesmo volume de água.

Brilho: o modo como um mineral reflete a luz.

Forma cristalina: a disposição de seus átomos. A forma cristalina da ametista mostra-se em formatos angulares em sua superfície.

COBRE

MICA

AMETISTA

METAIS: UM RECURSO ÚTIL

Os metais geralmente são extraídos de outros recursos naturais, como os minérios. Uma vez extraído, um metal pode ser combinado a outras substâncias para produzir uma liga.

NÍQUEL
O níquel é mais usado na forma de liga. Em combinação com o ferro, ele confere muita resistência ao aço. O níquel usado em moedas é, na verdade, uma liga composta principalmente de cobre.

TUNGSTÊNIO
O tungstênio derrete a 3.410°C, o que o torna o metal mais resistente ao calor já conhecido. Ele é usado nos filamentos das lâmpadas.

ALUMÍNIO
O alumínio é leve, mas resistente. Pode ser moldado com facilidade quando aquecido e mantém-se inalterado sob frio extremo. É um dos metais mais utilizados, principalmente em chapas metálicas, latas e materiais de construção.

CAPÍTULO 3:
Recursos Renováveis

Os recursos renováveis da Terra são aqueles que podem ser repostos em um curto período. A energia do Sol, a água, o vento, os animais e as plantas são todos recursos renováveis.

INTELIGENTE E NECESSÁRIO

Até mesmo o ar que respiramos e o calor produzido no interior da Terra são recursos. A água, a luz solar e as plantas são imprescindíveis para a vida no planeta. Por isso, tomar conta dos recursos renováveis da Terra não é apenas uma atitude inteligente, mas também necessária.

ECOSSISTEMAS: RECURSOS RENOVÁVEIS EM AÇÃO

Um ecossistema é uma comunidade na natureza. É qualquer lugar onde plantas e animais dependem uns dos outros para obter alimento. Dentro desse ecossistema, os animais e plantas são um recurso renovável. Os animais e as plantas também dependem de outros recursos renováveis, como a água e o Sol, para existirem em seu ecossistema.

Água. Ar. Vento. Sol. Vivemos todos os dias com diversos recursos renováveis ao nosso alcance. A Terra possui mais recursos renováveis do que não renováveis.

Num jardim, as plantas dependem do solo e da atmosfera para obter água e dióxido de carbono. Elas também usam a energia da luz solar para transformar o dióxido de carbono e a água em alimento (carboidratos). As abelhas, as aves e outros animais comem as plantas ou bebem seu néctar. Em troca, esses animais levam o pólen de uma planta à outra, ajudando as plantas a se reproduzir.

Os animais carnívoros comem animais herbívoros. Assim, os nutrientes produzidos pelas plantas entram no corpo dos carnívoros.

AJUDANDO A PRESERVAR OS ECOSSISTEMAS

Monitorando a condição dos ecossistemas, podemos ajudar a natureza a preservar o equilíbrio entre as diversas fontes renováveis que mantêm o ecossistema saudável.

EXPLORAR COM CUIDADO
As florestas podem se renovar desde que as pessoas permitam que elas se recuperem após as árvores serem cortadas. A exploração planejada e controlada mantem as florestas livres de árvores doentes.

CONTROLAR OS ANIMAIS
O controle das populações animais garante comida para todos. O excesso de peixes num local pode extinguir sua fonte de alimento. A pesca predatória pode privar os recursos aquáticos do equilíbrio entre animais e vegetais.

ÁGUA PARA TODOS
As barragens controlam o fluxo de água e criam lagos e represas. Eles oferecem uma fonte de água potável e de recreação para as pessoas e habitats para espécies selvagens.

Quando plantas, insetos e outros organismos morrem, seus restos em decomposição acrescentam nutrientes ao solo. Isso fornece alimento a minhocas e insetos.

O CICLO DA ÁGUA

O Sol comanda o ciclo que faz a água circular pelo nosso planeta.

2. O gás quente sobe no ar, onde esfria e forma gotículas. Isso se chama condensação.

3. Conforme as gotas ficam mais pesadas, elas caem na forma de chuva ou neve. Isso se chama precipitação.

1. O Sol aquece a superfície do mar, fazendo a água se transformar em vapor. Isso se chama evaporação.

4. Os rios levam a água da chuva de volta para o mar. Isso se chama acumulação.

FONTES ALTERNATIVAS DE ENERGIA

Energia solar. Energia eólica. Energia hidrelétrica. Energia geotérmica. Energia maremotriz. As fontes de energia alternativas oferecem algumas possibilidades interessantes para o presente e para o futuro.

Algumas dessas fontes de energia – como energia solar, eólica e hidrelétrica – já foram testadas. Todas foram aprovadas com sucesso. Mas todas elas, mesmo juntas, ainda são pouco usadas em comparação ao consumo total de energia.

A água aquecida da Usina Geotérmica de Svartsengi em Grindavik, na Islândia, abastece um famoso spa chamado Blue Lagoon.

ENERGIA GEOTÉRMICA

A energia geotérmica provém da utilização do próprio calor da Terra. Esse calor, na forma de água quente e vapor, costuma ser encontrado em áreas de atividade vulcânica. Com canos e bombas, a água ou vapor é extraída de reservatórios subterrâneos. Ela é usada para mover turbinas que, então, geram eletricidade.

ENERGIA MAREMOTRIZ

Assim como a energia hidrelétrica, a energia maremotriz também usa a força da água. Neste caso, a energia é gerada pelas marés que avançam e recuam nos oceanos e grandes lagos. Barragens ao longo das baías retêm a água na maré alta. Depois, quando a água é liberada na maré vazante, o movimento aciona as turbinas e gera eletricidade.

RECURSOS RENOVÁVEIS

ENERGIA EÓLICA

A energia eólica é produzida pelo controle da força do vento. No passado, as pessoas usavam os moinhos de vento. Hoje, elas usam potentes turbinas eólicas. Ambos captam a energia do vento, usando-a para girar pás no topo de uma torre. Hoje, as pás giratórias de uma turbina eólica são usadas para gerar eletricidade.

A energia eólica é renovável e não polui. Mas algumas pessoas acham que as enormes turbinas eólicas, como estas no deserto de Mojave, nos EUA, tiram a beleza da paisagem e fazem muito barulho.

CHÁ FEITO COM ENERGIA SOLAR

A energia solar existe para ser usada. Comprove isso preparando um chá com o uso da energia solar. Até mesmo num dia meio nublado você conseguirá a energia necessária para esquentar a água e preparar uma grande jarra de chá.

Material necessário
- Uma jarra grande ou outro recipiente transparente
- Água fria
- 2 a 6 saquinhos de chá, dependendo do tamanho da jarra
- Copos, bastante gelo, limão e açúcar ou adoçante

1) Encha a jarra com água. Adicione os saquinhos de chá. Coloque a jarra tampada num local ensolarado. Espere o chá ficar pronto com a luz do sol. Isso pode demorar várias horas.

2) Quando o chá estiver com uma cor escura, retire os saquinhos. Assim que estiver pronto, coloque o seu chá na geladeira ou adicione bastante gelo, limão e açúcar ou adoçante e beba. Delicie-se com seu chá preparado com energia solar!

ENERGIAS ALTERNATIVAS EM AÇÃO

ENERGIA SOLAR

A energia solar vem do Sol. Ela é recolhida através de painéis especiais que captam os raios solares. Essa energia é transformada em eletricidade, que depois se torna uma fonte de energia capaz de fazer funcionar todos os aparelhos de um edifício, incluindo sistemas de calefação e refrigeração. A foto acima mostra um parquímetro acionado por um painel solar.

ENERGIA HIDRELÉTRICA

A energia hidrelétrica é gerada pela água em movimento. Usinas elétricas construídas sobre rios caudalosos transformam a energia da água em energia elétrica. Primeiro, a água é armazenada atrás de uma barragem. Conforme a água é liberada, o movimento faz girar as pás de enormes turbinas. Isso, por sua vez, gera eletricidade

RECURSOS VEGETAIS

Seria fácil não perceber que as plantas são valiosos recursos naturais, pois estão sempre fazendo parte de nossa vida. No ciclo do oxigênio, as plantas têm um papel fundamental na renovação desse gás presente na atmosfera terrestre. Sem elas, as pessoas e animais não teriam oxigênio para respirar.

As plantas também são uma fonte de alimento em todos os ecossistemas da Terra. Elas servem de alimento principalmente para os seres humanos – tanto as que crescem nas matas, quanto as das plantações que cultivamos.

TESOUROS DA FLORESTA TROPICAL

Muitos cientistas acreditam que cerca de dois terços de todas as espécies de plantas do mundo estão nas florestas tropicais. Essas plantas produzem até 40% do oxigênio da Terra. Fornecem centenas de variedades de frutas, legumes, temperos e café. A matéria-prima de vários produtos, desde o chiclete até a borracha, vem de árvores da floresta tropical.

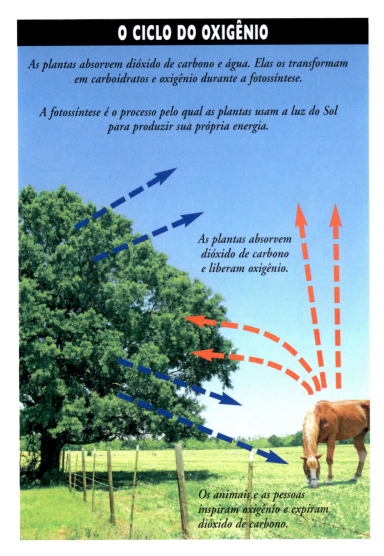

O CICLO DO OXIGÊNIO

As plantas absorvem dióxido de carbono e água. Elas os transformam em carboidratos e oxigênio durante a fotossíntese.

A fotossíntese é o processo pelo qual as plantas usam a luz do Sol para produzir sua própria energia.

As plantas absorvem dióxido de carbono e liberam oxigênio.

Os animais e as pessoas inspiram oxigênio e expiram dióxido de carbono.

FARMÁCIA DO MUNDO

Os cientistas estimam que as plantas das florestas tropicais sejam a base de cerca de 25% dos remédios do mundo. Desde misturas que ajudam a curar feridas até drogas para combater o câncer, principalmente leucemia e outras formas de câncer infantil: as florestas tropicais da Terra podem ser a promessa de sucesso no tratamento de doenças e males no futuro.

Nas florestas tropicais quentes e úmidas – como esta em Madagascar – há mais tipos de árvores que em qualquer outro local. Proteger as florestas significa proteger inúmeras espécies de plantas e animais.

RECURSOS RENOVÁVEIS

BIOMAS - MAPA DOS RECURSOS NATURAIS DA TERRA

Uma maneira de observar a vegetação e outros recursos naturais da Terra é examinando seus biomas. O tipo de clima e as espécies de plantas e animais de um bioma são sempre parecidos, não importa em que parte da Terra esse bioma esteja.

 CAMPOS TEMPERADOS
Verões quentes e secos, invernos frescos ou frios; chuva suficiente para manter várias espécies animais e vegetais

TUNDRA
Planícies frias e com vento; solo congelado sob a superfície; as plantas precisam ter raízes curtas para absorver nutrientes

CHAPARRAL
Vastas planícies, colinas rochosas, escarpas montanhosas; plantas e animais adaptados a verões quentes e secos e a invernos amenos

SAVANA
Grandes planícies com árvores e arbustos esparsos; a folhagem é determinada pela quantidade de chuva

ÁRTICO / ANTÁRTICA
Extremamente frios e secos o ano todo; solo congelado e mares cobertos de gelo; os animais se alimentam da rica vida marinha

FLORESTA DECÍDUA TEMPERADA
A vegetação se desenvolve e fica viçosa no verão, e geralmente inativa no inverno

 DESERTO
Terra árida, pouca chuva; poucas plantas além de cactos, que armazenam água

OCEANO
Principal componente do ciclo da água; abriga uma enorme variedade de vida marinha

FLORESTA DE CONÍFERAS
Floresta perene e fria; a maioria dos animais migra ou hiberna no inverno

FLORESTA TROPICAL
Clima quente e úmido, com muito sol e chuva, que abriga uma grande variedade de espécies

O PAPEL OU AS FLORESTAS?

Não é segredo para ninguém que as florestas tropicais estão ameaçadas. Estima-se que cerca de 315 mil quilômetros quadrados de floresta sejam desmatados todos os anos para uso da madeira e para criar áreas para a agricultura. Grande parte da indústria madeireira depende da procura por produtos de madeira e de papel. Cerca de 95% de todos os papéis são feitos com madeira, mas hoje o papel já pode ser reutilizado com sucesso e eficiência por meio da reciclagem. Imagine quantas extensões de floresta tropical poderiam ser salvas se todos os jornais fossem reciclados!*

*Veja experiência com reciclagem de jornal na página 29.

ANIMAIS EM AÇÃO

ANIMAIS DE CARGA
Alguns animais têm muitas utilidades. As lhamas, assim como os camelos, cavalos e até elefantes, são denominados animais de carga. Isso significa que são usados para carregar coisas. O pelo das lhamas também serve para fazer uma fibra muito útil.

AQUACULTURA
Além de serem pescados, alguns peixes podem ser reproduzidos em cativeiro, como o salmão e a truta. Enquanto os peixes de fontes naturais diminuem, o número de peixes de cativeiro tem aumentado muito. De acordo com dados recentes, 43% de todos os peixes consumidos são de fazendas de criação.

RECURSO DE QUEM?
A coruja-pintada prefere fazer seus ninhos em florestas maduras. As florestas maduras têm muitos arbustos pequenos e árvores em decomposição. A coruja se tornou o assunto de um debate entre grupos ambientalistas e empresas que desmatam essas florestas por causa da madeira antiga e altamente valorizada.

RECURSOS ANIMAIS

Assim como as plantas, os animais também são um recurso renovável. Ao pensar nos animais como um recurso, podemos imaginá-los, em primeiro lugar, como fonte de alimentos ou outros produtos para as pessoas. Os peixes, por exemplo, servem de alimento para pessoas do mundo todo. Ovelhas, cabras e outros tipos de gado fornecem leite e carne. A pele de muitos animais tem valor na construção de abrigos ou na confecção de roupas e sapatos.

Os animais também causam grande efeito sobre o meio ambiente. Cada animal ajuda a equilibrar o ecossistema do qual faz parte. Peixes pequenos servem de alimento às pessoas e também aos tubarões no oceano. Os coiotes são

Alguns animais, como o gado, são recursos tão importantes que foram domesticados pelo homem. Rebanhos de gado são criados em todas as partes do mundo.

conhecidos por matar ovelhas e às vezes entrar em depósitos de lixo nas áreas urbanas, mas eles também controlam a população de roedores em torno das fazendas e cidades. Cada um desses animais desempenha um papel importante em seu próprio ecossistema.

PROBLEMA GLOBAL

Cada ecossistema contribui para a saúde de nosso planeta, que é uma coleção de ecossistemas. Mas, às vezes, as pessoas exploram os recursos de um ecossistema de forma prejudicial. Derrubam muitas árvores de uma floresta ou causam danos à paisagem para extrair carvão. Temos que pensar nos efeitos que isso pode ter sobre o planeta como um todo.

CONHEÇA A VIDA SELVAGEM DA SUA REGIÃO

Explorando a vida selvagem das redondezas, você pode ver a natureza de perto e fazer descobertas incríveis! Experimente fazer estas atividades para aprender mais sobre a vida selvagem e os recursos naturais que existem perto da sua casa.

1) Usando a internet, a biblioteca, ou visitando um zoológico ou parque da sua região, descubra que tipos de animais selvagens vivem perto de você.

2) Seja um observador da natureza! Faça um registro dos animais que encontrar perto de onde mora. Anote o que observar num caderno durante uma semana.

3) Observe também de quais recursos da sua região esses animais dependem para sobreviver. Esses recursos são orgânicos ou inorgânicos? São naturais ou produzidos pelo homem?

4) Você consegue identificar alguma coisa que possa estar ameaçando os recursos dos animais? Por exemplo, existem casas ou fábricas sendo construídas em áreas selvagens que sejam habitat de algum animal? Ou algum rio que esteja ficando poluído?

O BISÃO AMERICANO

Por volta de 1800, as populações de bisão nas Grandes Planícies da América do Norte eram muito grandes, de 30 a 75 milhões. Os índios norte-americanos usavam o bisão como fonte de alimento, vestimenta e combustível. Mas os colonizadores caçaram o bisão sem controle – muitas vezes, apenas por diversão. A espécie quase foi extinta. Na década de 1880, o número de bisões talvez não passasse de mil. O governo e os grupos de preservação se empenharam em proteger o bisão e sua população voltou a crescer. Mas nunca voltará a ter o grande número de antigamente.

CONSUMO DE ÁGUA EM CASA

Aqui estão alguns dos usos comuns da água nas residências. Mostramos também a quantidade média de água usada em cada atividade.

- Um banho de banheira: 80 litros
- Um banho de chuveiro: 35 litros
- Uma descarga: 8 litros
- Uma lavagem na lava-louças: 25 litros
- Uma lavagem na lavadora roupas: 65 litros

Em uma residência, qual das atividades acima você acha que consume mais água por dia?

Resposta: o uso da descarga

CAPÍTULO 4:
Preservação – O Que Você Pode Fazer?

Cuidar de nossos recursos naturais vai ajudar a garantir que as futuras gerações tenham o que precisam para sobreviver em nosso planeta. Também vai nos ensinar a sermos mais responsáveis com o mundo que chamamos de lar.

REDUZIR
Você já deve ter ouvido a expressão: "Reduzir, reutilizar e reciclar". Aqueles que se preocupam com o futuro de nosso planeta sentem que precisamos nos esforçar mais para reduzir nossa necessidade dos recursos naturais.

Quanto mais soubermos sobre nossa interação com a Terra e seus recursos naturais, melhor ficaremos.

Uma das melhores maneiras pelas quais podemos reduzir o consumo dos recursos naturais é usar menos petróleo. Isso vai ajudar a preservar os combustíveis fósseis, uma fonte não renovável de energia. Também vai reduzir a emissão de poluentes na atmosfera. Muitas cidades estão desenvolvendo um transporte público "limpo". No futuro, talvez possamos andar de ônibus e trens movidos a eletricidade, energia solar ou outras formas renováveis de energia.

Muitas vezes, reduzir o consumo de energia também pode fazer bem à saúde. Andar de bicicleta ou caminhar em vez de dirigir pode beneficiar nossa saúde e o planeta.

QUANTO VOCÊ CONSOME?

Faça esta experiência para ter uma ideia de quanta água você consome em um ano lavando as mãos:

Material necessário
- Uma tigela grande
- Uma jarra medidora

1) Lave as mãos normalmente, mas coloque uma tigela grande dentro da pia para recolher a água que você usar. Despeje a água usada numa jarra medidora. Quanta água você usou? Anote a quantidade em um caderno.

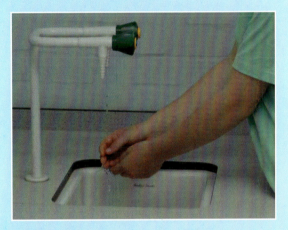

2) Anote quantas vezes você lava as mãos num dia. Multiplique a quantidade de água que você usou na primeira vez pelo número de vezes em que você lavou as mãos no dia.

3) Multiplique a quantidade de água diária por 365. Esse número deve mostrar, aproximadamente, a quantidade de água que você consome em um ano, só para lavar as mãos. Ficou surpreso com o resultado?

CUIDANDO DA ENERGIA

PENSAR NO FUTURO
Algumas soluções para economizar energia, como a instalação de painéis solares numa casa, são caras. Mas, a longo prazo, elas reduzem a necessidade de usar combustíveis fósseis para obter aquecimento
e outros tipos de energia em nossas casas e locais de trabalho.

CADA ATITUDE É IMPORTANTE
A companhia elétrica ou de abastecimento de água de sua região pode oferecer boas ideias para a preservação de energia. Sua família pode instalar descargas e chuveiros de menor consumo. Você pode diminuir o ar condicionado no verão – e usar roupas mais leves!

ADUBO DE MINHOCAS

Algumas pessoas usam caixas com minhocas para fazer adubo. Elas são feitas de madeira ou plástico e preenchidas com pedaços de jornal ou papelão e folhas de árvores. Deve-se adicionar também um punhado de terra. A terra é granulosa e ajuda as minhocas a decompor as partículas dos alimentos. As caixas podem ser feitas em casa ou compradas em lojas de artigos para jardinagem.

Dentro da caixa, devem ser colocados restos de comida, como cascas de frutas e legumes, pão e cascas de ovo (não coloque restos de carne). As minhocas comem essa matéria, que, se não fosse assim, iria para os depósitos de lixo. Em circunstâncias ideais, cada minhoca come o equivalente ao seu próprio peso todos os dias.

As fezes das minhocas se misturam ao conteúdo da caixa, produzindo um adubo rico e cheio de nutrientes que pode ser usado nas plantas do jardim ou até para fazer uma horta!

REAPROVEITAMENTO

Além de reduzir nossa necessidade de recursos, o reaproveitamento e a reciclagem são duas maneiras de fazermos a nossa parte na conservação de energia. O reaproveitamento nos permite utilizar pela segunda (ou terceira ou quarta) vez um objeto. Pense naquela caixa que trazia um objeto entregue na sua casa. Ou na sacola que veio do supermercado. A maioria dos itens que usamos para carregar ou enviar coisas podem ser reutilizados diversas vezes.

RECICLAGEM

A reciclagem nos permite fazer coisas novas com materiais usados. Vários materiais podem ser reciclados, como papel, plástico, metal e vidro. Muitos deles já fazem parte de programas de reciclagem.

A maioria das comunidades tem equipes que recolhem as latinhas, garrafas e jornais que são jogados fora. Estes programas de reciclagem nos possibilitam ter aquela sensação boa de saber que ajudamos a preservar os recursos de nosso planeta.

Estes papéis foram recolhidos nos postos de coleta e estão à espera de serem processados e reciclados.

PRESERVAÇÃO – O QUE VOCÊ PODE FAZER?

A separação do lixo doméstico é uma das maneiras mais fáceis de contribuirmos para a preservação dos recursos naturais. Qualquer pessoa pode reciclar!

APRENDA A FAZER PAPEL RECICLADO

> Os jornais e restos de papel que você leva ao centro de reciclagem são transformados numa polpa e, depois, em papel novamente. Você pode experimentar fazer seu próprio papel reciclado em casa ou na escola.

Material necessário
- Uma fôrma retangular ou quadrada grande
- Uma tigela ou bacia
- 3 xícaras de água
- Um jornal
- Um rolo de macarrão

1) Rasgue uma ou duas folhas de jornal em pedacinhos de 2,5 cm ou menos.

2) Coloque um pouco do jornal picado dentro da tigela e adicione toda a água. Continue adicionando papel. Rasgue e esprema o papel até obter uma massa que pareça um mingau grosso.

3) Vire a fôrma para baixo e coloque sobre ela cerca de uma xícara da polpa de papel. Com os dedos, espalhe a polpa sobre a fôrma por igual.

4) Coloque várias folhas de jornal sobre a polpa para segurá-la contra a fôrma. Vire a fôrma com cuidado e retire-a. A camada de polpa está agora sobre o jornal.

5) Dobre o jornal sobre a polpa. Passe o rolo sobre o jornal para retirar o excesso de água.

6) Abra o jornal e deixe seu papel reciclado secar completamente!

GLOSSÁRIO

água doce Fontes de água, como a maioria dos rios e lagos, que não contêm sal.

água salgada Água que contém sais dissolvidos, como a dos oceanos.

ambientalista Pessoa ou entidade que trabalha para proteger os recursos naturais da Terra. Um ambientalista pode trabalhar para salvar as florestas tropicais e impedir que sejam desmatadas.

aquecimento global Um aquecimento gradual da atmosfera terrestre. A maioria dos cientistas acredita que ele é causado pelas pessoas que queimam combustíveis fósseis, como petróleo e carvão. A queima desses combustíveis emite gases que retêm muito calor do sol na atmosfera terrestre, provocando o efeito estufa.

atmosfera A espessa camada de ar que envolve a Terra. Entre os gases que compõem a atmosfera terrestre, estão o nitrogênio (78%) e o oxigênio (21%). Há também água e pequenas quantidades de outros gases, como o argônio e o dióxido de carbono.

átomo Todos os materiais e substâncias são formados por átomos. Eles são a menor unidade possível de um elemento que ainda se comporta como esse elemento.

chuva ácida Poluição do ar misturada com água na atmosfera, que cai na Terra em forma de chuva. A chuva ácida contém poluição na forma de ácidos. Ela pode poluir o solo e a água, causar danos às plantas e até danificar superfícies duras, como a das rochas.

ciclo da água O movimento constante da água dos rios, lagos e oceano ao subir para a atmosfera e descer novamente à Terra.

dióxido de enxofre Gás produzido a partir da queima de combustíveis fósseis e de ocorrências naturais, como os vulcões. Pode ser um dos principais causadores da poluição.

economia Um sistema de troca de produtos e serviços.

ecossistema Um ecossistema é uma comunidade na qual animais e plantas dependem uns dos outros e de recursos como a água e a luz solar. Um ecossistema pode ser grande como uma floresta, ou pequeno como uma única árvore.

elemento Substância composta de um único tipo de átomo. Os elementos não podem ser decompostos em outras substâncias.

energia eólica Forma de energia obtida a partir da força do vento, que é usada para mover moinhos. Os moinhos de vento movem turbinas que produzem energia elétrica.

energia geotérmica Energia, como a eletricidade, que é produzida a partir do calor do interior da Terra. O magma quente sob a crosta terrestre aquece a água da superfície. O vapor da água quente é usado para mover turbinas em usinas elétricas.

energia hidrelétrica Eletricidade produzida por usinas que utilizam a energia gerada pela água em movimento.

energia maremotriz Energia produzida pelo movimento natural de massas de água, como os oceanos e lagos. A energia maremotriz obtém sua força a partir da ascensão e queda naturais da água em diferentes momentos do dia.

energia nuclear Energia armazenada no núcleo de um átomo. Essa energia é utilizada ao ser liberada do átomo. Ela pode ser usada para produzir eletricidade.

energia solar Energia gerada pela utilização da energia do Sol quando ela alcança a Terra.

erosão Ocorre quando a terra ou as rochas são desgastadas pela força do vento ou da chuva.